Gabriela Zavala Hernández
Ilce Nallely Orozco Montañez

Elaboración de un plaguicida orgánico

Gabriela Zavala Hernández
Ilce Nallely Orozco Montañez

Elaboración de un plaguicida orgánico

Ricinus Communis

Editorial Académica Española

Cover image: www.ingimage.com

Publisher:
Editorial Académica Española
is a trademark of
Dodo Books Indian Ocean Ltd. and OmniScriptum S.R.L publishing group

120 High Road, East Finchley, London, N2 9ED, United Kingdom
Str. Armeneasca 28/1, office 1, Chisinau MD-2012, Republic of Moldova, Europe
Managing Directors: Ieva Konstantinova, Victoria Ursu
info@omniscriptum.com

Printed at: see last page
ISBN: 978-620-8-82637-6

“Elaboración de plaguicida orgánico utilizando como compuesto principal Ricinus Communis”

ÍNDICE

ÍNDICE DE FIGURAS

ÍNDICE DE TABLAS

RESUMEN

La investigación que a continuación se presenta describe una estructura metodológica de carácter mixto, compuesto por seis fases, entre las que se destacan desde una revisión documental hasta la estructura de un manual de recomendaciones de uso. El objetivo de este estudio se concreta en elaborar un plaguicida orgánico utilizando como compuesto principal el Ricinus Communis, así como los metabolitos secundarios del chrysanthemun, capsicum chinense y allium sativum, cuyas propiedades radican en repeler las plagas a partir de la capsaicina y alicina, combatiendo como plagas principales; gallina ciega, mosquita blanca, hormiga y chapulín.

Es por tanto que este plaguicida tiene consideraciones especiales detectados durante la experimerimentación encontrándose hallazgos acordes a cumplimiento del PH a partir de la incorporación del conservador: ácido cítrico, permitiendo que este estuviera dentro de los parámetros establecidos, prolongando la vida de anaquel del producto final.

INTRODUCCIÓN

El presente estudio tiene como objetivo establecer las pautas para la producción y uso de un plaguicida orgánico elaborado a base de higuerilla. La higuerilla, también conocida como ricino (Ricinus communis), es una planta de gran valor debido a las propiedades insecticidas presentes en sus semillas y aceite. Este reporte proporciona la información necesaria para la preparación y aplicación segura y eficaz de este plaguicida orgánico, ofreciendo una alternativa más sostenible y respetuosa con el medio ambiente frente a los productos químicos sintéticos convencionales.

La higuerilla contiene compuestos bioactivos, como la ricina y la ricinina, que tienen propiedades insecticidas y fungicidas. Estos compuestos actúan de manera específica contra una gama de plagas como lo son: gallina ciega, mosquita blanca, hormiga, chapulín y enfermedades (manchas en la hoja y marchitamiento) que afectan a los cultivos de huertos caseros y jardines. Además, el plaguicida orgánico a base de higuerilla es biodegradable, eliminando la preocupación de residuos tóxicos en el medio ambiente.

El uso de plaguicidas químicos ha sido motivo de preocupación debido a los posibles efectos negativos en la salud humana y el medio ambiente. Por lo tanto, existe una creciente demanda de métodos de control de plagas más seguros y respetuosos con la biodiversidad. El desarrollo de plaguicidas orgánicos a base de ingredientes naturales se ha convertido en una opción prometedora, y la higuerilla ofrece una solución potencialmente efectiva y sostenible.

La implementación de este análisis requerirá la colaboración de agricultores, investigadores y técnicos especializados en agricultura orgánica. La capacitación adecuada en la preparación y aplicación de este plaguicida será esencial para garantizar su correcto uso y minimizar los riesgos asociados.

DESCRIPCIÓN DE LA EMPRESA

Caracterización del lugar

PLAGUITEC es una empresa mexicana dedicada a la elaboración de productos agrícolas orgánicos y sostenibles. Nuestra sede principal se encuentra en Puruándiro, Michoacán, una región reconocida por su gran tradición agrícola y compromiso con la agricultura ecológica.

Nuestro producto estrella es un plaguicida orgánico formulado a partir de la Higuerilla (Ricinus Communis) con un agente activo llamado Ricina. La higuerilla es una planta nativa de la región, y su extracto ha demostrado ser altamente efectivo como insecticida y fungicida natural. La Ricina, obtenida de las semillas de la higuerilla, actúa como un agente activo poderoso contra diversas plagas

Visión

Ser una empresa reconocida en el desarrollo y producción de plaguicidas orgánicos a base de higuerilla a nivel regional. Aspirando a ser referentes en la industria agrícola, promoviendo un cambio en las prácticas agrícolas sostenibles y respetuosas con el medio ambiente. Esforzándonos por ser una empresa innovadora, con investigación constante y desarrollo de nuevos productos que impulsen la agricultura orgánica y la seguridad alimentaria. Buscando ser un socio confiable para los agricultores, brindándoles soluciones efectivas y seguras para el manejo de plagas, y contribuyendo a un futuro más saludable y sostenible para todos.

Misión

Proporcionar soluciones efectivas y sostenibles para el control de plagas en la agricultura, a través de la producción y distribución de plaguicidas orgánicos a base de higuerilla. Nos esforzamos por ofrecer productos de alta calidad que promuevan la salud de los cultivos, la seguridad de los agricultores y la protección del medio ambiente, contribuyendo así a una agricultura más sostenible y a la producción de alimentos saludables.

CAPÍTULO 1. Marco de Referencia

1. MARCO DE REFERENCIA

1.1 Nombre del Proyecto

"Elaboración de un plaguicida orgánico utilizando como compuesto principal el Ricinus Communis: PLAGUITEC"

1.2 Antecedentes

La Voz de Michoacán en (2020) menciona que el Ricinus Communis, mejor conocido como higuerilla, es una planta que en el campo se suele considerar como maleza. Sin embargo, las hojas y semillas de esta se utilizan para elaborar extractos para el manejo de insectos, plagas, roedores, moluscos y fitopatógenos, con resultados exitosos, esto se debe a que es una planta con propiedades insecticidas e insectistáticas, por ello su eficacia en el manejo de insectos-plaga (La Voz Michoacán, 2020).

Los bioplaguicidas se clasifican en plaguicidas microbianos, que incluyen bacterias, hongos y virus, y plaguicidas bioquímicos, que incluyen hormonas, enzimas y reguladores del crecimiento de la planta.

> Entre la variedad de ventajas del uso de plaguicidas microbianos puede mencionarse que no son tóxicos ni patógenos para organismos y seres humanos; se pueden usar en combinación con algunos insecticidas químicos, disminuyendo el uso de este segundo grupo, pueden utilizarse al momento de recolección al no tener efecto adverso en los seres humanos; y en algún momento estos microorganismos pueden establecerse en el hábitat para proporcionar control de plagas a generaciones o temporadas tras estación (Carbajal et al., 2019, p. 10).

Bioinsecticidas. Las plantas son capaces de protegerse de las plagas por sí mismas, a partir de que sintetizan una gran variedad de metabolitos secundarios relacionados con los mecanismos de defensa.

> Para obtener dichos metabolitos es necesario llevar a cabo el proceso adecuado que permita obtener los metabolitos secundarios de los extractos vegetales; se pueden obtener extractos acuosos o polvos y utilizar otros disolventes para obtener diferentes compuestos, según su polaridad (Flores et al., 2019).

Como alternativa se propone la elaboración de insecticidas botánicos y repelentes naturales, extraídos de algunas plantas. En general se seleccionan plantas que pueden ser insecticidas o repelentes por su olor fuerte. El interés de buscar plantas insecticidas es que una vez que se encuentran, cada quién puede cultivarlas en sus terrenos, y así ya no gastar en insecticidas, también es menos peligroso para la salud y para el medio ambiente (INDESOL, 2014, p. 2).

Los bioinsecticidas son una alternativa viable para ser utilizados dentro de esquemas de control biológico de plagas en los principales cultivos agrícolas. Su uso permite mantener la productividad del campo sin contaminarlo y sin poner en riesgo la salud de la población que entra en contacto directo o en forma indirecta con estos insumos (Nava et al., 2012, p.26).

1.3 Planteamiento del problema

Hoy en día el campo de la industria agrícola exige niveles de producción elevados con estándares de calidad que se están volviendo insuperables día a día, ya que los huertos caseros, jardines, invernaderos y hortalizas se ven altamente afectados por la aparición de plagas (gallina ciega, hormiga, mosquilla blanca, gusano cogollero y chapulín), aunado a estas necesidades está el creciente uso de sustancias nocivas y dañinas para la salud que afecta a las personas que intervienen directa e indirectamente. Asimismo, crear un plaguicida orgánico que ataque la problemática y sea accesible para las personas que se desempeñan en esta área generando así una alternativa adicional de este producto. Para lo cual se desarrolló una metodología que consta de 6 fases.

1.4 Justificación

La agricultura es una de las principales funciones desarrolladas en el Bajío Michoacano, donde los huertos caseros, jardines, invernaderos y hortalizas se ven afectados por plagas (gallina ciega, hormiga, mosquita blanca y chapulín) que merman la vegetación y con ello existen repercusiones. Razón por la cual aplican numerosas sustancias químicas nocivas para disminuir las poblaciones de plagas pero que afectan la salud de las personas y de los ecosistemas. Por lo anterior, se busca formular un insecticida orgánico a base de Ricinus communis y extracto de metabolitos secundarios del crisantemo, para repeler y controlar plagas en cultivos básicos, ornamentales y hortalizas. El presente proyecto tiene bajo objetivo la elaboración de un plaguicida con estas características, el cual usa como elemento principal el Ricinus Communis conocido como higuerilla, la que es considerada una maleza, sin embargo, si esta se usa de manera sustancial y se obtienen sus beneficios esto permitirá controlar las plagas sin necesidad del uso excesivo de los químicos.

Variables, dimensiones e indicadores.

Variables:

X: Plagas y plantas afectadas

Y: PLAGUITEC

Dimensiones:

Dimensiones de X: Diversidad de plagas, plantas afectadas, daños e infestación.

Dimensiones de Y: composición química, método de aplicación y dosificación.

Indicadores:

Indicador de X: Índice de diversidad de plagas, Índice de incidencia de plagas, Índice de severidad de plagas.

Indicador de Y: Composición química, Modo de aplicación, Dosificación.

1.5 Objetivo General

Elaborar un plaguicida orgánico que funcione como repelente para reducir plagas (gallina ciega, hormiga, mosquita blanca y chapulín) y evite la intoxicación de quien lo manipula por medio de un manual de especificaciones de usos.

1.5.1 Objetivos Específicos

- Elaborar el manual de recomendaciones y uso para la manipulación del plaguicida.
- Observar el comportamiento del plaguicida orgánico a base de Ricinus Communis con ácido cítrico como conservador para su óptimo almacenamiento.
- Realizar la prueba de toxicidad DL50 para informar.

1.6 Hipótesis

1.6.1 Hipótesis general

La elaboración de un plaguicida orgánico hecho a base de Ricinus Communis ayuda a reducir las plagas (gallina ciega, hormiga, mosquita blanca y chapulín) presentes en los cultivos, huertos caseros y hortalizas dentro de la región Bajío de Puruándiro Michoacán.

1.6.2 Hipótesis específicas

- Se espera que el plaguicida orgánico muestre una eficacia significativa en la reducción de la población de plagas en comparación con el control sin tratamiento.
- Se plantea que el plaguicida orgánico tendrá un efecto positivo en el rendimiento del cultivo al reducir la infestación de plagas, lo que se reflejará en un aumento en la producción y calidad de los productos agrícolas.
- Se pretende que el plaguicida orgánico mantendrá su eficacia durante un período de almacenamiento razonable, lo que proporcionará información valiosa para su uso a largo plazo en la agricultura orgánica.

CAPÍTULO 2. Marco Teórico

2. FUNDAMENTO TEÓRICO

2.1 Plaguicidas

Los plaguicidas son la forma dominante del combate a las plagas.

Plaguicida es el nombre genérico que recibe cualquier sustancia o mezcla de sustancias usada para controlar las plagas que atacan los cultivos o los insectos que son vectores de enfermedades. Los plaguicidas son el resultado de un proceso industrial de síntesis química, y se han convertido en la forma dominante del combate a las plagas (Karam et al., 2003, p. 246).

2.2 Tipos de plaguicidas

Según Actividad Biológica (Insecticidas, Acaricidas, Nematicidas, Fungicidas, Herbicidas y Molusquicidas).

- Atrayentes y repelentes de insectos (Rodenticidas, Avicidas)
- Rutas de Ingreso (Por ingestión, Por contacto o insecticidas desecantes, Por inhalación)
- Por su naturaleza química (Inorgánicos y Orgánicos).
- Por su formulación (Gránulos, Cebos, Fumigantes Líquidos).
- Por su toxicidad (Extremadamente tóxico, Altamente tóxico, Moderadamente tóxico y Ligeramente tóxico)
- Pesticidas biológicos
- Pesticidas químicos (Anales del Sistema Sanitario de Navarra, 2003, s/p).

2.3 Procesos de plaguicidas (Composición y formulación)

En cada producto comercial normalmente hay sólo una sustancia que tiene efecto pesticida: es el denominado principio o ingrediente activo (PA / IA).

Existen también productos comerciales que incluyen más de un IA a fin de combinar los efectos de todos ellos. Pero muy raramente se incluyen más de tres principios activos en un mismo producto comercial. Normalmente la cantidad de IA requerido para controlar una plaga por unidad de superficie es tan baja que sería imposible aplicarla pura logrando una distribución aceptablemente correcta. Por otra parte, muchas veces, se trata de productos pesados y altamente viscosos, semejantes a melazas. ¿Cómo aplicarlo de manera uniforme? Es evidente que este IA necesita diluirse de alguna manera para lograrlo. Entre ellos podemos mencionar:

- Solventes: puede ser agua, algún solvente derivado del petróleo o, más raramente, de otro tipo.
- Humectantes: a fin de permitir su dilución en agua.
- Espesantes.
- Tensioactivos: permiten un mejor contacto de la gota pulverizada con el objetivo.
- Adherentes.
- Agentes de aviso: Colorantes, sustancial de olor, etc. (Instituto Nacional de Tecnología Agropecuaria, n.d., p. 3).

2.3.1 Ricinus communis (Higuerilla).

La higuerilla (*Ricinus communis* L.), planta C3 de la familia *Euphorbiaceae*, es una especie monotípica que está formada por 22 subespecies, así como por un considerable número de cultivares creados por los mejoradores de plantas para su explotación (Webster, 1994).

En la actualidad está considerada como una de las especies más importantes del reino vegetal. Flemming y Jongh (2011) plantearon que a partir de sus diferentes componentes, en particular las semillas, se pueden obtener 700 productos industriales medicamentos, cosméticos, lubricantes y barnices, y que en la actualidad se ha comenzado a investigar sobre su uso como combustible ecológico (biodiesel), el cual es menos dañino al ambiente (Gama da Silva y Guimaraes Filho, 2006), (Machado et al., 2012, s/p).

2.3.2 Chrysanthemum (Crisantemos).

Los crisantemos pertenecen a la familia de las compuestas.

El género comprende muchas especies, con floración en distinta época, siendo tal vez los de floración otoñal los más característicos o más conocidos con este nombre. Estos pertenecen a Chrysanthemum indicum y Chrysanthemum sinense, y también el híbrido de ambos, conocido por Chrysanthemun hortorum (Salmeron, 2020, s/p).

2.3.4 Capsicum chinense (Chile habanero).

El chile habanero es una de las variedades con mayor intensidad de sabor picante en todo el género Capsicum.

En la actualidad en diversos países se han obtenido diversas hibridaciones de las cuales se han obtenido chiles menos picantes, de igual forma en los campos yucatecos la polinización realizada por diversos insectos en los arbustos de diversas especies de chile han dado como resultado que en la actualidad los "habaneros" sean menos picantes y con aspectos semejantes a otras variedades (NaturaLista Colombia, 2015, s/p).

2.3.5 Allium sativum (Ajo).

El ajo (Allium sativum) pertenece a la familia de las liliáceas y es originario de Europa.

Su raíz es bulbosa y está compuesta por 8 ó 10 bulbillos, los cuales constituyen lo que vulgarmente se conoce como «cabeza de ajo». En la base de esta cabeza nacen las verdaderas raíces que son las que sirven para alimentar a la planta. Las hojas son radiales, alternas y alargadas. Las flores se presentan formando una inflorescencia en umbela, de color blanco verdoso. El fruto es una cápsula con tres cavidades donde se encuentran situadas las semillas, redondeadas y de color negro. La reproducción se efectúa generalmente de forma vegetativa, mediante la plantación de los bulbillos. Estos contienen un aceite muy volátil, la alicina, que se caracteriza por poseer un sabor fuerte y picante (Japon, 1984, p. 3).

2.4 Procesos de extracción de metabolitos secundarios y elementos.

- Metabolito secundario

Las plantas tienen los llamados metabolitos "secundarios" en contraposición a los metabolitos primarios, como las proteínas, los carbohidratos y los lípidos.

A diferencia de los metabolitos primarios, los metabolitos secundarios no participan directamente en el desarrollo de la planta. Aunque sus funciones son todavía poco conocidas, está claro que intervienen en la relación de la planta con los organismos vivos que la rodean (Piñero, Sifaoui & López, s/año, p.3).

Hidrodestilación: Se trata de colocar la droga, intacta o eventualmente triturada, directamente en agua que se lleva a ebullición.

Decocción: Este procedimiento consiste en llevar a la mezcla de droga a una temperatura de ebullición del agua, manteniendo esta temperatura durante un período variable que suele oscilar de 15 a 30 minutos (Selles, Sánchez, Solan, Suiñe, & Tico, 1992).

Infusión: Las infusiones frescas se preparan macerando la droga cruda durante un corto período de tiempo con agua fría o hirviendo. Son soluciones diluidas de los componentes fácilmente solubles de las drogas crudas (Swami et al, 2008).

Extracción continua con el Soxhel: Este método se utiliza para la extracción de los componentes hidrosolubles y termoestables de la planta hirviendo en agua durante 15 minutos, enfriándose, colándose y hacer pasar suficiente agua fría a través de la droga para producir el volumen requerido (Swami et al, 2008, p. 23).

2.5 Plagas

Las plagas son plantas, animales, insectos, microbios u otros organismos no deseados que interfieren con la actividad humana.

Los organismos que pueden causar daños en los cultivos están constituidos por las especies animales, pertenecientes a diversos grupos zoológicos, que atacan a las plantas cultivadas de todo el mundo causando daños de importancia económica: Los insectos son los que contribuyen sin duda alguna, al grupo más importante de plagas (Cabello et al., 1997, p. 5).

2.5.1 Gallina Ciega (Phyllophaga).

La gallina ciega es la plaga más importante del suelo en Centroamérica, ya que ataca las plantas de valor agrícola y forestal.

Las larvas atacan la semilla desde el comienzo a germinar, posteriormente se alimenta de las raíces, desde ese periodo el daño no se considera significativo. La lista de cultivos atacados es variada, ya que el grupo comprende muchas especies cuya alimentación es variada. Entre los cultivos afectados se encuentran: maíz, sorgo, arroz, frijol, hortalizas, frutales, pastos y plantas silvestres (Alaya & Monterroso, 1998, p. 7).

2.5.2 Mosquita Blanca (Bemisia tabaci).

La mosca blanca es una de las plagas más ampliamente distribuidas en regiones tropicales y subtropicales del mundo.

Los daños que causa se deben a diversos efectos del insecto en las plantas atacadas, como el debilitamiento de la planta por la extracción de nutrientes; problemas fisiológicos causados por el biotipo B ; la excreción de sustancias azucaradas que favorecen el crecimiento de hongos sobre las plantas ; y la transmisión de begomovirus (Cuellar & Morales, 2006, p. 2).

2.5.3 Hormiga.

Existen aproximadamente 8.800 especies conocidas de hormigas en el mundo, las cuales dominan una variedad de hábitats y ambientes ecológicos, donde alcanzan una gran abundancia.

Las hormigas constituyen el principal grupo de insectos eusociales, los cuáles se caracterizan por presentar: i) individuos adultos que cooperan en la construcción del nido y el cuidado de la progenie, ii) división de la labor reproductiva, con individuos estériles que trabajan a favor de la fecundidad del nido, y iii) sobreposición de generaciones, las cuáles son capaces de contribuir a las tareas de la colonia. (Wilson 1985, Gordon 1996, s/p).

2.5.4 Chapulín.

El chapulín es la plaga económicamente más importante en el estado, principalmente para cultivos de temporal.

Con niveles de infestación por arriba del umbral económico y sin acciones de control, se estima de manera conservadora, que esta plaga puede ocasionar pérdidas en la producción de maíz y frijol en Querétaro superior a los 5 millones de pesos, sin considerar las pérdidas en la planta de maíz como forraje (CESAVEQ 2011, s/p).

2.6 Cultivos.

El patrón de cultivos en México ha evolucionado a través de los años.

Los productores se han adaptado a las condiciones económicas, sociales y tecnológicas imperantes, esto los conduce a reconvertir y modificar sus procesos productivos y, en consecuencia, la estructura de la producción agrícola, que se modifica por diversos factores como la expansión de la frontera agrícola o incorporación de nuevas tierras al cultivo (FAO 2012, s/p).

2.6.1 Huertos caseros.

El huerto casero es un sistema de producción de autoconsumo familiar, es ampliamente practicado en los países en desarrollo y en muchas comunidades de los países industrializados.

Lo que distingue al huerto casero tradicional de otros sistemas de producción es su diversidad, complejidad y variedad de beneficios que provee a la familia. Este tiende a jugar un papel secundario y complementario en la economía del hogar; aunque llega a ser predominante en las épocas críticas - pre cosechas escasas, pérdidas en la cosecha, enfermedades o desempleo- (Marsh & Hernández, 1996).

2.6.2 Invernaderos.

Un invernadero es aquella estructura que protege al cultivo de la lluvia y el viento.

> Mediante una cubierta transparente, en forma de membrana plástica o de vidrio, que permite el paso de la radiación solar y dificulta la pérdida de calor, en particular la banda del infrarrojo térmico. El grado de modificación ambiental del invernadero depende del nivel tecnológico de los materiales empleados en su construcción y de los equipos complementarios de climatización para calefacción, humidificación, ventilación, enriquecimiento carbónico, iluminación artificial, etc (Flores & Ojeda, 2023, p. 21).

2.6.3 Jardines.

El jardín es un espacio ubicado en un terreno determinado donde en él se realizan cultivos, principalmente, de especies vegetales.

> Consiste en cultivar, tanto en un espacio abierto como cerrado: árboles, plantas pequeñas como lo son los arbustos, flores que pueden estar ubicadas en macetas o directamente en la tierra del suelo, hierbas aromáticas, etc. Pero además, en general, los jardines también incluyen otros elementos, que tienen un fin decorativo o estético: fuentes, esculturas, lámparas, luces, adornos de diferentes tipos. Además, está muy en auge la corriente ecológica, cuya finalidad es crear un jardín a partir de la inclusión de plantas que sean autóctonas de la región donde se emplace (Universidad Nacional de Rosario, 2020, s/p).

2.6.4 Hortalizas.

Las hortalizas son un conjunto de plantas cultivadas generalmente en huertas o regadíos, que se consumen como alimento, ya sea de forma cruda o cocida.

> El término hortaliza incluye a las verduras y a las legumbres Los principales tipos de hortalizas son: Acelga, ajo, alcachofa, apio, berenjena, brócoli, calabacín, calabaza, cebolla, champiñón, chícharo, col, coliflor, endibia, escarola, espárrago, espinaca,

haba, judía, lechuga, nabo, papa, pepino, perejil, pimiento, puerro, rábano, tomate y zanahoria.

Composición general de las hortalizas:

- Agua: Contiene una gran cantidad de agua, aproximadamente un 80% de su peso.
- Carbohidratos: Según el tipo de hortaliza la proporción de éstos es variable, siendo en su mayoría de absorción lenta. Según la cantidad de carbohidratos, las hortalizas pertenecen a distintos grupos:
    - Grupo A: Contienen menos de un 5% de carbohidratos.
    - Grupo B: Contienen de un 5 a un 10%.
    - Grupo C: Contienen más del 10%.

Dentro de las principales vitaminas se encuentran:

- La A en forma de provitamina, C, E , K y del grupo B (ácido fólico).
- Incluso minerales como: potasio, magnesio, calcio, hierro y sodio.
- Sustancias volátiles.
- Lípidos y proteínas (Rozano et al, 2004, pág. 3.).

2.7 Toxicidad.

Para determinar la toxicidad relativa de algún pesticida a los humanos, verifique la palabra clave que está en la etiqueta. Los productos menos tóxicos llevan la palabra clave que dice PRECAUCIÓN en la etiqueta. Los productos con la palabra clave ADVERTENCIA son más tóxicos. Los productos con la palabra clave PELIGRO en su etiqueta son muy tóxicos. Estas palabras de advertencia no indican su efecto tóxico al medio ambiente.

En la figura 1 se muestra la clasificación de riesgos según La Organización Mundial de la Salud, además del peligro con su representación en colores y señalamientos.

Figura 1.

Banda de Toxicidad.

CLASIFICACIÓN DE LA OMS SEGÚN LOS RIESGOS		CLASIFICACIÓN SEGÚN PELIGRO	BANDA
Ia	Sumamente Peligroso	Muy Tóxico	TÓXICO
Ib	Muy Peligroso	Tóxico	TÓXICO
II	Moderadamente Peligroso	Nocivo	NOCIVO
III	Poco	Cuidado	CUIDADO
IV	Producto que normalmente no ofrece peligro		CUIDADO

Nota: La banda de toxicidad nos muestra la escala de colores y el riesgo que representan los plaguicidas según la categoría toxicológica. Tomado de Normas Sanitarias para el uso de plaguicidas y vigilancia de trabajadores expuestos (2014).

2.8 Normas Fitosanitarias

Se crean nuevos desafíos en los Sistemas de Medidas Sanitarias y Fitosanitarias- MSF, para asegurar estándares de sanidad e inocuidad agropecuaria que generen confianza por parte de los consumidores y comercializadores.

Las medidas encaminadas a garantizar la inocuidad de los alimentos y el control sanitario de los animales y los vegetales deben basarse en la mayor medida posible en el análisis y la evaluación de datos científicos objetivos y exactos, esto es en el Análisis de Riesgo. El Acuerdo sobre la Aplicación de Medidas Sanitarias y Fitosanitarias entró en acción junto con el Acuerdo que establece la Organización Mundial del Comercio el 1° de enero de 1995 y hace referencia a la aplicación de reglamentaciones en materia de inocuidad de los alimentos y control sanitario de los animales y los vegetales (Ministerio de Salud y Protección Social, 2013).

2.8.1 Norma Oficial Mexicana NOM-017-STPS-2008, Equipo de protección personal-Selección, uso y manejo en los centros de trabajo.

Establecer los requisitos mínimos para que el patrón seleccione, adquiera y proporcione a sus trabajadores, el equipo de protección personal correspondiente para protegerlos de los agentes del medio ambiente de trabajo que puedan dañar su integridad física y su salud.

Esta norma aplica en todos los centros de trabajo del territorio nacional en que se requiera el uso de equipo de protección personal para proteger a los trabajadores contra los riesgos derivados de las actividades que desarrollen. (Secretaría de Gobernación., 2008)

2.8.2 Norma Oficial Mexicana NOM-032-SSA2-2014, Para la vigilancia epidemiológica, promoción, prevención y control de las enfermedades transmitidas por vectores.

Esta norma tiene por objeto establecer las especificaciones, criterios y procedimientos para disminuir el riesgo de infección, enfermedad, complicaciones o muerte por enfermedades transmitidas por vector.

Esta norma es de observancia obligatoria en todo el territorio nacional para el personal de los servicios de salud de los sectores público, social y privado que conforman el Sistema Nacional de Salud, que efectúen acciones de vigilancia, promoción, prevención y control de las enfermedades objeto de esta Norma (Secretaría de Gobernación, 2015).

CAPÍTULO 3. Desarrollo del Proyecto

3. DESARROLLO DEL PROYECTO

Universo y obtención de la muestra

Puruándiro es uno de los 113 municipios que componen al estado de Michoacán de Ocampo, y está ubicado al norte de la región bajío. La población es de 69,260 habitantes con un 48.1% de hombres y un 51.9% de mujeres.

En donde se realizó un muestreo por conveniencia en el sector agrícola aplicando una encuesta para conocer la clasificación de los distintos tipos de plaguicidas más utilizados así como la composición química de los mismos.

3.1 Descripción del proceso (Metodología).

La presente investigación consiste en un estudio de carácter mixto con un enfoque cualitativo debido a la descripción de las características y condiciones del plaguicida, y cuantitativo por el análisis experimental en la formulación del mismo, motivo por el cual se presentan las fases que comprenden la metodología.

3.2 Clasificación de los plaguicidas más utilizados en el estado de Michoacán

En esta primera fase se realizó una investigación para identificar los plaguicidas más utilizados en el estado de Michoacán, clasificándose por medio de la plaga que atacan (insecticidas, fungicida, molusquicida, ovicida, herbicida, acaricida, rodenticida, nematicida) y de su presentación comercial (polvos, líquidos, gases, comprimidos).

3.3 Revisión documental sobre la composición química de los plaguicidas orgánicos.

Cada plaguicida incluye sustancias de muy diversa naturaleza química y de comportamiento toxicológico y ambiental muy variado. Los plaguicidas orgánicos atacan el sistema nervioso central o interrumpen el crecimiento de los insectos. Incluyen compuestos organofosforados (como el malatión), compuestos organoclorados, carbamatos, piretro, piretroides sintéticos, reguladores del crecimiento de insectos y fumigantes.

3.4 Elaboración de plaguicida orgánico a base de Ricinus Communis para la prueba y fórmula de la conservación del plaguicida.

Para la elaboración del plaguicida orgánico principalmente se recolecta el ingrediente activo (fruto de higuerilla) además de que se tienen que conseguir los complementos que lo componen como lo son: Crisantemo, chile habanero, ajo y jabón neutro. Una vez obtenidos toda la materia prima se procede a machacar los frutos de higuerilla y ponerlos a hervir junto con una mezcla de chile, ajo y crisantemo que van molidos con una ligera cantidad de agua, se deja a una temperatura menor a la de ebullición por 40 a 60 minutos. Posteriormente se pasteuriza en una botella de vidrio previamente esterilizada, se deja enfriar aproximadamente 4 horas para añadirle un gramaje de ácido cítrico que funciona como conservador orgánico, extendiendo el tiempo de vida útil en anaquel.

Se realizaron pruebas para determinar la cantidad de conservador (ácido Cítrico) más óptima.

3.5 Aplicación de pruebas físico-químicas en el plaguicida orgánico con el conservador.

Se elaboró un plaguicida orgánico con distintos ingredientes naturales como lo es el compuesto activo de la planta Ricinus Communis, Chrysanthemum, Capsicum chinense y Allium sativum.

- *Densidad:*

El término "densidad" proviene del campo de la física y la química y alude a la relación que existe entre la masa de una sustancia (o de un cuerpo) y su volumen. Se trata de una propiedad intrínseca de la materia, ya que no depende de la cantidad de sustancia que se considere.

- *Fluidez:*

La fluidez es una característica de los líquidos o gases que les confiere la capacidad de poder pasar por cualquier orificio o agujero por más pequeño que sea, siempre que esté a un mismo nivel del recipiente en el que se encuentren el líquido a diferencia del restante estado de agregación conocido como sólido.

- Acidez, Alcalinidad o rango pH:

El pH es la medida de la acidez o la alcalinidad de una solución, en una escala que va de 0 a 14. El valor del pH dependerá de la concentración relativa de protones (iones hidrógenos H^+) e iones hidroxilo (OH^-) que posee la solución.

- Estabilidad de emulsión y re-emulsión:

Una emulsión es la suspensión de pequeñas gotas de un líquido dispersas en otro líquido. El líquido presente en forma de las gotas es la fase dispersa o interna, mientras que el líquido que lo rodea es la fase continua o fase externa.

3.6 Prueba de toxicidad DL50.

En toxicología, se denomina DL50 (abreviatura de "Dosis Letal, 50%") a la dosis de una sustancia o radiación que resulta mortal para la mitad de un conjunto de animales de prueba. Los valores de la DL50 son usados con frecuencia como un indicador general de la toxicidad aguda de una sustancia. Generalmente se expresa en mg de sustancia tóxica por kg de peso del animal, y lo más común es que el dato sea acompañado del animal en el que se probó (ratas, conejos, etc.). De esta forma, puede extrapolarse a los seres humanos.

3.7 Manual de especificaciones de uso.

El uso de plaguicidas químicos ha sido motivo de preocupación debido a los posibles efectos negativos en la salud humana y el medio ambiente. Por lo tanto, existe una creciente demanda de métodos de control de plagas más seguros y respetuosos con la biodiversidad. El desarrollo de plaguicidas orgánicos a base de ingredientes naturales se ha convertido en una opción prometedora, y la higuerilla ofrece una solución potencialmente efectiva y sostenible, para esto se elaboró una alternativa de un manual de usos, para obtener buenos resultados de efectividad a la hora de aplicar el plaguicida orgánico.

3.2 Actividades extraordinarias

Adquisición de los conocimientos en el laboratorio.

Se aprendió utilizar las herramientas del laboratorio (Potenciómetro, básculas, titulación, básculas, vasos de precipitado y matraz Erlenmeyer).

CAPÍTULO 4. Resultados

RESULTADOS

4.1 Clasificación de los plaguicidas más utilizados en el estado de Michoacán

Se realizó una encuesta por conveniencia al sector agrícola del bajío Puruándiro Michoacán para conocer cuáles son los plaguicidas que los agricultores de la región utilizan con mayor frecuencia, obteniendo como resultado que los herbicidas con un 50% e insecticidas con un 28.6% son los favoritos en cuanto a mayor uso se refiere.

Figura 2

Clasificación de los plaguicidas mayormente utilizados en Michoacán.

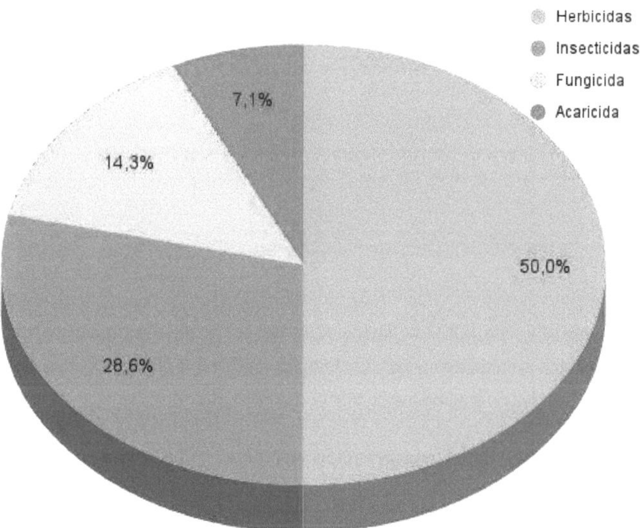

Nota. La encuesta revela los plaguicidas de mayor utilización por los agricultores del bajío de Puruándiro, Michoacán, destacando los herbicidas e insecticidas.

4.2 Revisión documental sobre la composición química de los plaguicidas orgánicos.

Se realizó una investigación en diversas fuentes sobre la composición química de los plaguicidas orgánicos, en la figura 3, se indica que los componentes más usados son el ajo, el tabaco y el cempasúchil. Cuyos porcentajes más significativos se muestran en el respectivo orden.

Figura 3

Composición química de los plaguicidas orgánicos.

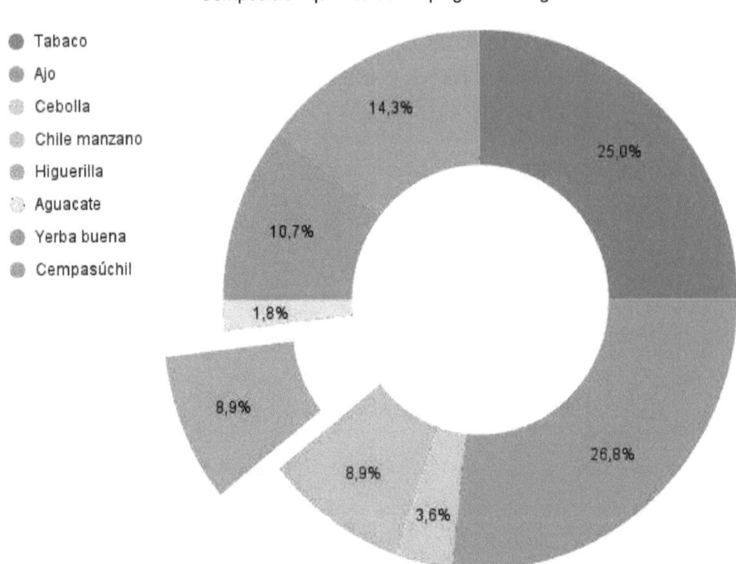

Nota. Como se muestra en la gráfica, el tabaco, el ajo y el cempasúchil son los componentes que más predominan en base a la literatura consultada. Esto no quiere decir que la higuerilla sea mala o de menor efectividad, sino que se introduce de menor manera.

4.3 Prueba y fórmula de la conservación del plaguicida orgánico a base de Ricinus Communis.

Como resultado se identifica que la cantidad de ácido cítrico es mucha para la cantidad del plaguicida, formando así una consistencia espesa y gelatinosa, además de separarse y dejar residuos en el envase.

Tabla 1

Bitácora de Ácido Cítrico

Bitácora del Ácido cítrico.					
Fecha	**Días**	**Cantidad de ácido cítrico (gramos)**	**Cantidad de Plaguicida (mililitros)**	**Observaciones**	**Evidencias**
28/09/2023	1	0.75	40	La muestra es homogénea sin grumos y sin residuos.	
		0.60			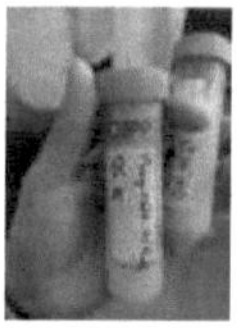
		0.50			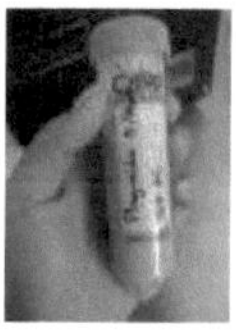
06/10/2023	8	0.20	40	Consistencia espesa y gelatinosa.	
		0.30		Poco espesa pero con grumos.	

		0.40		Espesa y separada.	

Nota: Se tomaron tres muestras de 40 mililitros del plaguicida, esto para que cada una tuviera distintas cantidades de ácido cítrico y observar su comportamiento.

En base a los resultados de la siguiente tabla, se puede decir que la cantidad más óptima a añadir de ácido cítrico en el plaguicida es de 0.30gr, debido a que es un poco más denso y de está manera no deja residuos, siendo este el más ideal para diluirlo en agua y aplicarlo en los jardines, hortalizas y huertos caseros.

Tabla 2

Bitácora 2 de Ácido Cítrico

Bitácora 2 de ácido cítrico					
Fecha	**Días**	**Cantidad de ácido cítrico (gramos)**	**Cantidad de Plaguicida (mililitros)**	**Observaciones**	**Evidencias**
12/10/2023	1	0.20	40	La mezcla es homogénea y espesa, ya que deja residuos en el envase.	
		0.30			
		0.40			
13/10/2023	2	0.20	40	Es ligera y no deja residuos, siendo homogénea.	
		0.30		Poco espeso con residuos pero homogéneo.	

		0.40		Denso, con residuo y separándose el aceite del ingrediente activo.	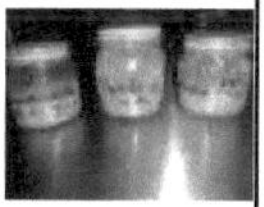
16/10/2023	5	0.20	40	Ligero y sin residuos, homogéneo.	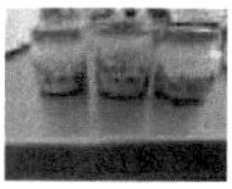
		0.30		Espeso y con muchos residuos.	
		0.40		Espeso pero con menores residuos que el anterior y en proceso de separación.	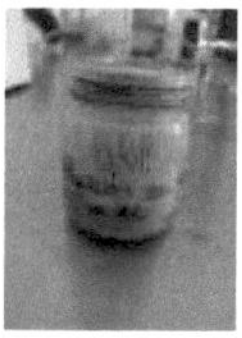
18/10/2023	7	0.20	40	Cambio de color pero ligero y homogéneo.	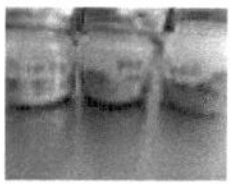
		0.30		Espeso con una densidad alta y residuo en el envase homogéneo.	
		0.40		Espeso con residuo en craquelados.	

Nota: Se tomaron tres muestras de 40 mililitros del plaguicida, esto para que cada una tuviera distintas cantidades de ácido cítrico y observar su comportamiento.

4.4 Aplicación de pruebas físico-químicas en el plaguicida orgánico con el conservador.

Observando el resultado del PH que es 8.11 indica que no tiene acidez, siendo alcalino.

Tabla 3

Bitácora de las pruebas fisicoquímicas del plaguicida no pasteurizado

<table>
<tr><th colspan="5">Bitácora de las pruebas fisicoquímicas del plaguicida no pasteurizado</th></tr>
<tr><th>Fecha</th><th>Hora</th><th>PH</th><th>Hora</th><th>Densidad y fluidez</th></tr>
<tr><td rowspan="2">09/11/2023</td><td>10:42</td><td>7.87</td><td>10:58</td><td>0.9816 g/ml</td></tr>
<tr><td>10:50</td><td>8.11</td><td colspan="2" rowspan="2">El plaguicida orgánico Plaguitec cuenta con una densidad y fluidez de 0.9816 g/ml.</td></tr>
<tr><td colspan="3">El plaguicida orgánico no pasteurizado tiene un PH de 8.11, lo que indica que es alcalino, es decir, no tiene acidez.</td></tr>
</table>

Nota: Se realizaron las pruebas de ph y densidad para conocer el potencial de hidrógeno presente en el plaguicida y la fluidez del mismo.

Tabla 4

Bitácora de las pruebas fisicoquímicas del plaguicida orgánico Plaguitec.

<table>
<tr><th colspan="5">Bitácora de las pruebas fisicoquímicas del plaguicida orgánico Plaguitec.</th></tr>
<tr><th>Fecha</th><th>Hora</th><th>PH</th><th>Hora</th><th>Densidad y fluidez</th></tr>
<tr><td>10/11/2023</td><td>8:45</td><td>5.25</td><td>8:58</td><td>1.0327 g/ml</td></tr>
<tr><td colspan="3">El plaguicida orgánico Plaguitec pasteurizado con ácido cítrico tiene un PH de 5.25, lo que indica en la escala potencial de hidrógeno es ligeramente ácido.</td><td colspan="2">El plaguicida orgánico Plaguitec cuenta con una densidad y fluidez de 1.0327 g/ml.</td></tr>
</table>

Nota: Se realizaron las pruebas de ph y densidad por segunda vez ya con el conservador, para conocer el potencial de hidrógeno presente en el plaguicida y la fluidez del mismo.

Al realizar el análisis y comparar las dos tablas del PH, Densidad y Fluidez se observó los cambios que se obtuvieron aumentando o disminuyendo estas propiedades, siento este el PH 5.25 ideal para un plaguicida orgánico con una densidad y fluidez de 1.0327 g/ml óptima para diluir en agua.

Tabla 5

Bitácora de la prueba fisicoquímica de estabilidad de emulsión y re-emulsión del plaguicida orgánico Plaguitec.

Fecha	Hora	Minutos	Medición de separación	Observación	Evidencia
15/11/2023	4:43 a 5:43 pm	43	0 cm	Se aprecia ligeramente una separación del producto, sin embargo al no tener un cambio demasiado notable no se presta aún para realizar una medición.	
15/11/2023	5:43 pm a 6:43 am	43	0 cm	El producto comienza a separarse de manera lenta, pero aún no se logra apreciar un cambio demasiado notable para realizar mediciones.	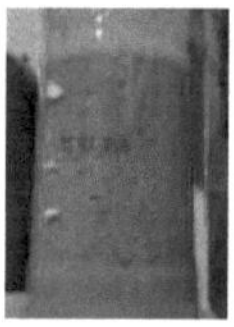
15/11/2023	6:43 pm a 9:22 pm	22	Aceite: 0.7 cm	El aceite comenzó a separarse del producto. Por lo cual se comenzó a realizar la medición de la muestra de plaguicida.	
16/11/2023	9:22 pm a 5:47 am		Aceite: 1.3 cm	La separación del plaguicida y el aceite se hizo más notoria, incrementando la longitud de dicha separación.	

16/11/2023	5:47 am a 5:26 pm		Aceite: 1.5 cm	En este lapso más largo de horas se incrementó la longitud de separación del plaguicida. Observarse aspecto en semejanza al aceite color ámbar claro.	

Nota: Debido a esta prueba se puede observar el comportamiento del plaguicida conforme pasa el tiempo, dando una textura cremosa y aceitosa.

Esta prueba se realizó antes de la aplicación del producto para identificar qué tipo de estabilidad de emulsión tiene.

En esta tabla se obtuvieron los resultados de la prueba físico-química de estabilidad de emulsión y re-emulsión la cual representa el separamiento del producto por medio del tiempo, dándonos un resultado de que es un producto a base de crema y aceite, ya que la estabilidad de emulsión es mayor a 24 horas. .

4.5 Prueba de toxicidad DL50.

Se propone realizar la prueba de toxicidad de letalidad al 50% durante un avance próximo, ya qué en este lapso de tiempo no fue posible debido a factores externos. No obstante se tiene la propuesta para la ejecución de esta prueba en el semestre próximo, como lo es en la: Universidad de la Ciénega del Estado de Michoacán de Ocampo (UCEMICH)

Esta prueba tiene por objetivo identificar el nivel de toxicidad qué ocasiona el plaguicida a las plagas, medio ambiente y por ende a las personas, así como también la efectividad del mismo.

4.6 Manual de especificaciones de uso.

En base al punto de vista de algunos investigadores se ha visto afectado el sector de la economía debido a los distintos tipos de plagas que dañan los cultivos para esto se elaboró la alternativa de un plaguicida orgánico que ayuda a disminuir el impacto y busca evitar las pérdidas económicas.

De esta manera es qué surge la necesidad de elaborar un manual de especificaciones de uso adecuadas para el plaguicida orgánico, intentando evitar que los usuarios causen daño a su salud debido a la incorrecta manipulación del mismo.

En este manual se pueden encontrar los tipos de plagas que combate, elimina o replega nuestro producto, así como también en qué tipo de cultivos se puede aplicar, cómo y cuándo usarlo, además de dar algunas recomendaciones de almacenamiento y de equipo de protección.

CONCLUSIONES

Dentro del análisis realizado se identificó que este plaguicida es una opción más segura, amigable y sostenible con el medio ambiente en comparación con los productos químicos. Este plaguicida está hecho de ingredientes naturales como lo es el Ricinus Communis más conocido como Higuerilla, así como también con metabolitos secundarios del crisantemo, ajo y chile habanero.

Al elaborar este plaguicida orgánico se determinó qué al agregar el ácido cítrico se extiende el tiempo de vida útil en anaquel, de la misma forma que disminuyó el PH a 5.25 estando así en el rango óptimo para los plaguicidas orgánicos, lo que indica qué es ácido según la escala potencial de hidrógeno.

COMPETENCIAS DESARROLLADAS Y/O APLICADAS

Se ejecutó la investigación obteniendo así productos para la exposición y defensa del proyecto industrial.

Se aplicaron los elementos de la investigación documental para elaborar escritos académicos.

Se elaboró un protocolo de investigación en el cual se presentan soluciones científico - tecnológicas a problemáticas.

CRONOGRAMA

Tabla 6

Cronograma del Sexto Semestre.

Actividades	Semanas de Sexto Semestre																Duración Semanas
	1	2	3	4	5	6	7	8	9	10	11	12	13	14	15	16	
Clasificación de los plaguicidas más usados en el estado de Michoacán.																	1
Revisión documental sobre la composición química de los plaguicidas orgánicos																	2
Uso y manipulación del plaguicida adecuado.																	3
Clasificación de las ventajas y desventajas de los plaguicidas orgánicos.																	5
Elaboración de plaguicida orgánico a base de Ricinus Communis y pruebas biológicas de efectividad.																	16
Recomendaciones y nivel de actuación de acuerdo al riesgo presentado.																	16

Nota: Se evaluaron las 16 semanas del sexto semestre para identificar los tiempos de cada actividad realizada en la metodología.

Tabla 7

Cronograma del Séptimo Semestre.

Actividades	Séptimo Semestre																Duración Semanas
	17	18	19	20	21	22	23	24	25	26	28	29	30	31	32		
Clasificación de los plaguicidas más usados en el estado de Michoacán.																	1
Revisión documental sobre la composición química de los plaguicidas orgánicos																	2
Elaboración de plaguicida orgánico a base de Ricinus Communis para la prueba y formulación del plaguicida.																	4

Actividad																Semanas
Aplicación de pruebas físico-químicas en el plaguicida orgánico con el conservador.																2
Prueba de toxicidad DL50																Inconclusa
Manual de especificaciones de uso.																16...

Nota: Se evaluaron las 16 semanas del séptimo semestre para identificar los tiempos de cada actividad realizada en la metodología, junto con algunas fases del sexto semestre.

GLOSARIO

Agente activo o Principio activo: Es la sustancia responsable del efecto deseado (ingrediente principal).

Autóctonas: Son aquellas plantas que se han originado en un territorio o han llegado hasta él sin intervención humana (sea ésta intencionada o no) procedentes del área donde se han originado.

Avicidas: Plaguicida que mata aves.

Compuestos bioactivos: Tipo de sustancia química que se encuentra en pequeñas cantidades en las plantas y ciertos alimentos.

Eusociales: Es el nivel más alto de la organización social que se da en ciertos animales.

Hortalizas: Conjunto de plantas cultivadas en huertos.

Humidificación: Consiste en una operación en la cual se da una transferencia simultánea de materia y calor, sin la presencia de una fuente de calor externa.

Imperantes: Predominante.

Infrarrojo térmico: Se utiliza para medir la temperatura de objetos y puede ser útil en diversas aplicaciones, como la detección de fugas de calor, el control de temperatura.

Inocuidad: Seguridad y ausencia de daño o riesgo.

Maleza: Plantas indeseables que crecen en un área determinada.

Metabolitos Secundarios: Compuestos químicos producidos por plantas y otros organismos que no están directamente involucrados en su crecimiento.

Ornamentales: Son plantas cultivadas y se utilizan por su belleza estética y decorativa.

Pautas: Cuidado y mantenimiento para asegurar el crecimiento de la planta y que luzcan mejor.

Progenie: Describe generaciones futuras.

Regadíos: Sistema de riego utilizado para suministrar agua a los cultivos.

Ricinus communis: Nombre científico de la higuerilla. Planta anual perenne (aquella que vive durante más de dos años o, en general, florece y produce semillas más de una vez en su vida).

Ricina: Toxina altamente venenosa que se encuentra en semillas de ricino.

Ricinina: Sustancia tóxica que se encuentra en las semillas de la planta de ricino..

Tensioactivos: Agentes limpiadores presentes en los champús y acondicionadores para lavar.

Umbela: Es una inflorescencia en forma de paraguas compuesta por múltiples flores que se originan de un punto común en el tallo.

Umbral: Valor mínimo de una magnitud a partir del cual se produce un efecto determinado.

REFERENCIAS BIBLIOGRÁFICAS

Alaya, J., & Monterroso, L. (1998). *Aspectos Básicos Sobre la Biología de la Gallina Ciega.* Repositorio IICA. Retrieved October 25, 2023, from https://repositorio.iica.int/bitstream/handle/11324/14812/CDCR21030618e.pdf?sequence=1&isAllowed=y

Anales del Sistema Sanitario de Navarra. (2003). *Intoxicación por plaguicidas Pesticide poisoning.* SciELO España. Retrieved October 25, 2023, from https://scielo.isciii.es/scielo.php?script=sci_arttext&pid=S1137-66272003000200009

Cabello, T., Torres, M., & Barranco, P. (1997). *Plagas de los cultivos: guía de identificación Plagas de los cultivos: guía de identificación Plagas de los cultivos: guía.* ResearchGate. Retrieved October 24, 2023, from https://www.researchgate.net/profile/Tomas-Cabello/publication/272362544_Plagas_de_los_cultivos_Guia_de_identificacion/links/54e6ca750cf2cd2e02907338/Plagas-de-los-cultivos-Guia-de-identificacion.pdf

Carbajal, A., Sánchez, M., & Romero, E. (2019). Bioplaguicidas: un sustituto de los plaguicidas químicos | RD-ICUAP. Retrieved April 19, 2023, from http://rd.buap.mx/ojs-dm/index.php/rdicuap/article/view/351

CESAVEQ. (2011). *Contribución al conocimiento de enemigos naturales del chapulín (Orthoptera: Acridoidea) en el estado de Querétaro, México.* SciELO México. Retrieved November 8, 2023, from https://www.scielo.org.mx/scielo.php?script=sci_arttext&pid=S0065-17372012000100010

Cuellar, M., & Morales, F. (2006). *La mosca blanca Bemisia tabaci (Gennadius) como plaga y vector de virus en fríjol común (Phaseolus vulgaris L.) Artículo de.* SciELO Colombia. Retrieved October 24, 2023, from http://www.scielo.org.co/pdf/rcen/v32n1/v32n1a01.pdf

FAO. (2012). *La evolución del patrón de cultivos de México en el marco de la integración económica, 1980 a 2009.* SciELO México. Retrieved November 8, 2023, from https://www.scielo.org.mx/scielo.php?script=sci_arttext&pid=S2007-09342012000500005

Flores Villegas, M. Y., Gonzales Laredo, R. F., Pompa Garcia, M., Ordaz Díaz, L. A., Prieto Ruiz, J. Á., & Domingues Calleros, P. A. (2019). *Uso de plaguicidas y nuevas alternativas de control en el sector forestal*. Redalyc. Retrieved April 19, 2023, from https://www.redalyc.org/journal/497/49759430007/html/#redalyc_49759430007_ref42

Flores, J., & Ojeda, W. (2015). *Consideraciones agronómicas para el diseño de invernaderos típicos de México*. IMTA. Retrieved October 24, 2023, from https://www.imta.gob.mx/biblioteca/libros_html/riego-drenaje/libro-invernaderos-de-mexico.pdf

INDESOL. (2014). *Manual para la elaboración de insecticidas botánicos y repelentes naturales - Biologia*. Studocu. Retrieved April 19, 2023, from https://www.studocu.com/es-mx/document/instituto-politecnico-nacional/biologia/manual-para-la-elaboracion-de-insecticidas-botanicos-y-repelentes-naturales/16812010

Instituto Nacional de Tecnología Agropecuaria. (n.d.). *Módulo 2: Plaguicidas químicos, composición y formulaciones*. Manual Fitosanitario. Retrieved May 3, 2023, from https://www.manualfitosanitario.com/InfoNews/INTA%20Aplicacion%20eficiente%20de%20fitosanitarios%20Cap%202.%20%20Formulaciones.pdf

Japón, J. (1984). *El cultivo de ajo*. Ministerio de Agricultura,Pesca y Alimentación. Retrieved May 29, 2023, from https://www.mapa.gob.es/ministerio/pags/biblioteca/hojas/hd_1984_01.pdf

Juárez, R., Sanzón, D., Ramírez, L., & González, J. (2020, June 8). *71 revisión: El género Argemone (Papaveraceae) y los usos para el control de plagas en el sector agrícola Review: The Argemon*. Revista Ciencia e Innovación Agroalimentaria. Retrieved May 11, 2023, from http://reiagro.ugto.mx/images/pdf/vol2/2/5-Juarez-Garcia-et-al-2020-El-genero-Argemone-y-el-sector-agricola.pdf

Karam, M. A., Ramírez, G., Bustamante Montes, P., & Galván, J. M. (2003, October 17). *Plaguicidas y salud de la población*. Redalyc. Retrieved April 19, 2023, from https://www.redalyc.org/pdf/104/10411304.pdf

La Voz Michoacán. (2020, August 3). *La higuerilla no sólo es maleza, también sirve para combatir plagas sin dañar el medioambiente*. La Voz de Michoacán. Retrieved April 19, 2023, from https://www.lavozdemichoacan.com.mx/michoacan/medio-ambiente/la-higuerilla-no-solo-es-maleza-tambien-sirve-para-combatir-plagas-sin-danar-el-medioambiente/

Machado, R., Suárez, J., & Alfonso, M. (2012). *Caracterización morfológica y agroproductiva de procedencias de Ricinus communis L. para la producción de aceite*. SciELO Cuba. Retrieved May 8, 2023, from http://scielo.sld.cu/scielo.php?script=sci_arttext&pid=S0864-03942012000400003

Manual Fitosanitario. (2014, abril 15). *Módulo 2: Plaguicidas químicos, composición y formulación*. Manual Fitosanitario. Retrieved May 12, 2023, from https://www.manualfitosanitario.com/InfoNews/INTA%20Aplicacion%20eficiente%20de%20fitosanitarios%20Cap%202.%20%20Formulaciones.pdf

Marsh, R., & Hernández, I. (1996, Junio). *Untitled*. Repositorio CATIE. Retrieved October 25, 2023, from https://repositorio.catie.ac.cr/bitstream/handle/11554/6175/El_papel_del_huerto_casero_tradicional.pdf?sequence=1

Ministerio de Salud y Protección Social. (2013, octubre 8). *Salud Pública Calidad e Inocuidad de Alimentos*. Sistema de medidas sanitarias y fitosanitarias - MSF. Retrieved May 12, 2023, from https://www.minsalud.gov.co/salud/Documents/general-temp-jd/SISTEMA%20DE%20MEDIDAS%20SANITARIAS%20Y%20FITOSANITARIAS%20-%20MSF.pdf

NaturaLista Colombia. (2015). *Chile Habanero (Capsicum chinense) · NaturaLista Colombia*. NaturaLista Colombia. Retrieved May 29, 2023, from https://colombia.inaturalist.org/taxa/69135-Capsicum-chinense

Nava, E., García Gutiérrez, C., Camacho Báez, J. R., & Vázquez Montoya, E. L. (2012). *Bioplaguicidas: Una opción para el control biológico de plagas.* Redalyc. Retrieved April 19, 2023, from https://www.redalyc.org/pdf/461/46125177003.pdf

Normas Sanitarias para el uso de plaguicidas y vigilancia de trabajadores expuestos. (2014, octubre 6). *Protocolo de vigilancia epidemiológica de trabajadores expuestos a plaguicidas.* Ministerio de Salud. Retrieved May 12, 2023, from https://www.minsal.cl/wp-content/uploads/2015/11/Compendio-de-Normas-Sanitarias-para-Uso-y-Vigilancia-de-trabajadores-expuestos-a-Plaguicidas.pdf

Organización Internacional del trabajo. (n.d.). *05 recomendaciones para plaguicidas.* ILO. Retrieved May 31, 2023, from https://www.ilo.org/wcmsp5/groups/public/---americas/---ro-lima/---sro-lima/documents/publication/wcms_778469.pdf

Orozco, I. (2007). *COEPRIS | Uso de Plaguicidas.* Comisión Estatal para la Protección contra Riesgos Sanitarios. Retrieved April 19, 2023, from https://coepris.michoacan.gob.mx/uso-de-plaguicidas/

Rozano, V., Quiróz, C., Acosta, J., Pimentel, L., Quiñones, E. (2004). *Hortalizas, las llaves de la Energía.* Revista Digital Universitaria, 5(7), 1067-6079

Salmeron, J. (2020). *Crisantemos.* Crisantemos. Retrieved May 11, 2023, from

https://www.mapa.gob.es/ministerio/pags/biblioteca/hojas/hd_1975_23-24.pdf

Secretaría de Gobernación. (2008, December 9). *Diario Oficial de la Federación.* DOF - Diario Oficial de la Federación. Retrieved May 12, 2023, from https://dof.gob.mx/nota_detalle.php?codigo=5072773&fecha=09/12/2008#gsc.tab=0

Secretaría de Gobernación. (2015, April 16). *Diario Oficial de la Federación.* DOF - Diario Oficial de la Federación. Retrieved May 12, 2023, from https://www.dof.gob.mx/nota_detalle.php?codigo=5389045&fecha=16/04/2015#gsc.tab=0

Universidad Nacional de Rosario. (2020). *¿Qué es un jardín?*. UNR. Retrieved October 24, 2023, from https://eac.unr.edu.ar/wp-content/uploads/2020/03/Apuntes-1%C2%BA-A%C3%B1o-que-es-un-jardin.pdf

ANEXOS

Tabla 8

Constructo de Investigación.

Dimensiones	Criterios de medición	Indicadores	Items	Reactivo	Fuente
X					
Diversidad de plagas	Identificación y contabilización.	Índice de diversidad de plagas	Cultivos	¿Tipos de plagas que combate el plaguicida?	(Cabello et al., 1997, p. 5).
Plantas afectadas	Signos visibles de daño o enfermedad.	Índice de incidencia de plagas	Sociedad	¿Qué tipo de cultivos se ven afectadas por las plagas?	(FAO 2012, s/p).
Daños e infestación	Cantidad y gravedad de lesiones en la planta.	Índice de severidad de plagas	Sociedad y Medio ambiente	¿Qué daños pueden ocasionar las plagas?	(Cabello et al., 1997, p. 5).
[					
Composición química.	Evaluar las concentraciones	Composición química.	Medio ambiente	¿Composición química del plaguicida orgánico?	(Instituto Nacional de Tecnología Agropecuaria, n.d., p. 3).
Métodos de aplicación	Cobertura del plaguicida, uniformidad de aplicación cantidad.	Modo de aplicación	Cultivo	¿Qué métodos de aplicación se utilizan para conocer el plaguicida dependiendo de la planta?	(Anales del Sistema Sanitario de Navarra, 2003, s/p).
Dosificación	Cantidad recomendada, control de plagas.	Dosificación	Cultivo y Sociedad	¿Cantidad de aplicación en la planta?	Normas Sanitarias para el uso de plaguicidas y vigilancia de trabajadores expuestos (2014).

Nota: En este constructo de investigación ayudó a identificar las dimensiones, criterios de medición, indicadores y los Ítems.

Printed by Books on Demand GmbH, Norderstedt / Germany